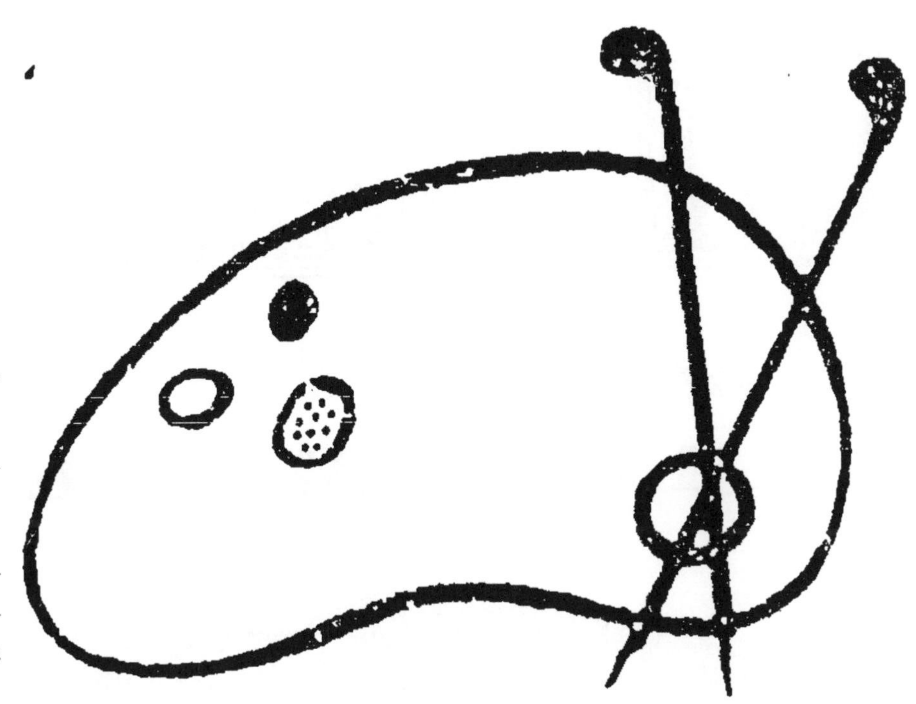

Début d'une série de documents
en couleur

N° 53 Prix : 10 centimes.

MÉTIERS

L'IMPRIMERIE

L. BOULANGER, éditeur, 90, boul. Montparnasse, PARIS.

LE LIVRE POUR TOUS

VOLUMES PARUS

1. **Hygiène** : *La santé.*
2. **Médecine** : *Les maladies et les remèdes.*
3. **Science** : *La photographie.*
4. **Littérature** : *La littérature française.*
5. **Géographie** : *L'Afrique française.*
6. **Armée** : *Le service militaire.*
7. **Science** : *L'astronomie.*
8. **Histoire** : *Histoire romaine.*
9. **Horticulture** : *Les fleurs.*
10. **Travaux manuels** : *La couture.*
11. **Hygiène** : *Les falsifications.* Aliments.
12. **Hygiène** : *Les falsifications.* Boissons.
13. **Armée** : *Les écoles militaires.* Saint-Cyr.
14. **Finances** : *Les douanes.*
15. **Enseignement** : *Grammaire anglaise.*
16. **Médecine** : *Anatomie et physiologie.* Appareil digestif.
17. **Économie sociale** : *Les impôts.*
18. **Science** : *Eléments d'arithmétique.*
19. **Littérature** : *La littérature française.* Le XVIe siècle.
20. **Économie sociale** : *L'épargne.*
21. **Droit** : *La justice de paix.*
22. **Géographie** : *L'Europe.*
23. **Économie sociale** : *Les assurances.*
24. **Science** : *L'électricité.*
25. **Beaux-Arts** : *La peinture sur porcelaine.*
26. **Agriculture** : *Les engrais.*
27. **Littérature** : *La littérature française.* XVIIe siècle, 1re période.
28. **Économie domestique** : *La cave et les vins.*
29. **Droit civil** : *Les enfants.*
30. **Science** : *Botanique,* 1re partie.
31. **Hygiène** : *La première enfance.*
32. **Arts d'agrément** : *Les feux d'artifice.*
33. **Science** : *La chimie.*
34. **Horticulture** : *Les arbres fruitiers.*
35. **Droit civil** : *Le mariage.*
36. **Géographie** : *La Russie.*
37. **Agriculture** : *La viticulture.*
38. **Arts d'agrément** : *La pêche.*
39. **Littérature** : *La littérature française.* XVIIe siècle, 2e période.
40. **Science** : *Botanique.* La vie des plantes, 2e part. Fleurs et fruits.
41. **Science** : *Les microbes.*
42. **Arts d'agrément** : *La chasse.*
43. **Géographie** : *L'Allemagne.*
44. **Histoire** : *La France,* 1re partie.
45. **Littérature** : *La littérature française.* XVIIIe siècle.
46. **Science** : *L'homme préhistorique.*
47. **Géographie** : *L'Océanie.*
48. **Littérature** : *La littérature française.* XIXe siècle.
49. **Histoire** : *La France,* 2e partie.
50. **Enseignement** : *Grammaire anglaise.* Syntaxe et prononciation.

POUR PARAITRE EN AOUT

51. **Science** : *Cosmographie,* 1re part.
52. **Science** : *Cosmographie,* 2e partie.
53. **Métiers** : *L'imprimerie.*
54. **Histoire** : *Histoire de France.*
55. **Métiers** : *La typographie.*
56. **Cuisine** : *L'office.*
57. **Travaux manuels** : *Le tricot.*
58. **Cuisine** : *Les viandes,* tome I.
59. **Cuisine** : *Les viandes,* tome II.
60. **Histoire** : *Histoire ancienne.*

Les nécessités du tirage peuvent amener quelques modifications à cette liste. Les 50 volumes suivants seront publiés ultérieurement. La collection comprendra tout ce qu'il est utile de savoir. — Chaque mois le dernier volume de la dizaine parue porte la liste de la dizaine à paraître. — Il paraît deux volumes par semaine, le jeudi et le dimanche. — Les dix premiers volumes sont envoyés *franco* moyennant **1 fr. 25** à toute personne qui en fait la demande.

Les personnes qui nous demanderont les dix premiers volumes recevront, à titre de **prime**, un *élégant cartonnage* permettant de lire chaque volume sans le froisser. S'adresser chez l'éditeur. — On peut s'abonner soit chez l'éditeur, soit chez les libraires et marchands de journaux.

Ces volumes se trouvent chez tous les libraires au prix de **10** centimes chacun. Dans le cas où on ne pourrait se les procurer, l'éditeur reçoit des abonnements au prix de **1 fr. 25** la série de 10 et de **6** francs la série de 50 volumes. Ces prix comprennent le port. Dans ce cas les volumes sont expédiés **2 à la fois** le samedi de chaque semaine. — Les volumes parus peuvent toujours être fournis d'un seul coup et immédiatement.

10 centimes le volume.

LE LIVRE POUR TOUS

Aujourd'hui un livre, quel qu'il soit, ne peut compter sur un grand succès durable que s'il est tellement *bon marché* que tout le monde puisse l'acheter sans compter, s'il est *tellement intéressant* et utile, que tout le monde dise : « *Je veux le lire, l'avoir et le garder.* »

Or il n'y a pas de livres d'un intérêt plus réel, d'une utilité plus pratique et plus constante que ceux qui fournissent des *renseignements précis et complets* sur ce que tout le monde veut savoir et doit connaître.

Mais ces livres d'information et de référence ne sont vraiment bons qu'à la condition d'être des guides toujours sûrs, des conseillers toujours prêts à répondre exactement aux nombreuses questions que l'on a sans cesse à résoudre. Ils doivent être méthodiques, exacts, clairs, faciles à manier, commodes à emporter partout avec soi. Ils doivent en outre constituer dans leur ensemble la meilleure et la plus parfaite des encyclopédies; et en même temps chacune de leurs parties doit former un tout distinct, de telle sorte que celui qui veut se contenter de cette partie unique y trouve tout ce dont il a besoin.

Un dictionnaire ne peut réunir ces avantages : s'il est volumineux, il est cher et par conséquent pas à la portée de tous; s'il est petit, il est restreint, et les articles en sont nécessairement écourtés, incomplets. De plus le dictionnaire renvoie d'un mot à l'autre, il ne peut se lire à la suite, il contient des redites. Les manuels, les traités sont évidemment plus utiles, mais ils sont d'ordinaire d'un prix élevé, surtout quand il s'agit de questions spéciales ou scientifiques ou techniques.

Nous avons pensé qu'il restait à créer une collection réunissant, à la fois, l'utilité des dictionnaires et celle des manuels, et d'un prix si minime que tout le monde puisse se la procurer.

Nous avons donné à cette collection un titre général disant d'un mot ce qu'elle est :

Le Livre pour tous, c'est-à-dire le livre indispensable à tout le monde, le livre auquel on doit avoir recours en toute occasion et qui mérite toute confiance.

Le Livre pour tous donne à tous les connaissances nécessaires à tous. Il est le vade-mecum de toute instruction pratique, le répertoire de toutes les sciences usuelles.

Le Livre pour tous est le livre de tous ceux qui travaillent, qui étudient, qui s'informent, qui veulent s'éclairer, c'est-à-dire tout le monde.

Ce qui distingue notre collection de toutes celles que l'on a publiées dans le même genre et ce qui fait sa supériorité sur toutes les compilations adressées aux lecteurs sous prétexte de vulgarisation, ce qui doit lui donner la préférence sur les dictionnaires et les manuels, c'est, nous le répétons :

1° Le *bon marché*. Chacun de nos volumes ne coûte que 10 centimes, et contient comme texte le tiers d'un volume ordinaire de 300 pag. vendu 3 fr. 50 et même de 4 à 6 francs.

2° L'*abondance et l'exactitude des renseignements*. — Chacun de nos volumes est rédigé avec le plus grand soin par des auteurs compétents d'après les travaux les plus récents et les plus autorisés.

3° La *commodité du format*. — Chacun de nos volumes peut facilement tenir dans la poche, on peut l'emporter avec soi à la promenade, le lire en voiture, en omnibus, en chemin de fer.

4° La *clarté du texte*. — Les volumes sont imprimés en caractères neufs, lisibles sans fatigue, et les matières sont disposées de telle sorte que d'un coup d'œil on trouve ce que l'on cherche.

5° La *valeur documentaire*. — Chaque volume forme un tout; mais l'ensemble des volumes forme une encyclopédie. Dans chaque volume, chaque sujet est traité à fond. De plus chaque volume est accompagné de documents, de tables de références, de tables statistiques, etc., qui sont d'un usage précieux.

Il suffit d'avoir sous les yeux un seul de nos volumes pour se rendre compte de l'importance de notre collection et des services qu'elle rend.

Tous les volumes de la collection sont rédigés avec le même soin, d'après la même méthode et dans le même but d'utilité.

N. B. **Le Livre pour tous** *peut être mis dans toutes les mains. C'est la meilleure récompense à donner aux élèves dans toutes les écoles. C'est la collection la plus utile à tout le monde.*

L'éditeur-gérant : L. BOULANGER.

Sceaux. — Imp. Charaire et Cie.

Fin d'une série de documents
en couleur

L'IMPRIMERIE

53

L'IMPRIMERIE

Lorsque nous nous sommes occupés de la typographie (vol. 19 de cette collection), nous nous sommes arrêtés au tirage, qui est l'imprimerie proprement dite, et que nous allons étudier ici.

Ce petit volume est donc une suite de l'autre, et nous allons le reprendre où nous en sommes restés, c'est-à-dire au moment où la composition corrigée, mise en formes, est descendue soit aux machines, soit à la clicherie, selon qu'on tire sur le caractère même ou sur les clichés faits sur la composition, c'est donc par le clichage qu'il nous faut commencer

LE CLICHAGE

Le clichage est né de la stéréotypie, que M. Didot inventa pour faire des réimpressions à bon marché, sans être obligé d'immobiliser des caractères en conservant les compositions.

On donne en général le nom de clichage à toute opération ayant pour but de reproduire un objet plan, au moyen d'une empreinte dans laquelle on coule un métal fusible.

Pour avoir un cliché typographique il faut donc d'abord prendre les empreintes.

Il y a pour cela deux procédés : celui au plâtre et celui au papier; ce dernier étant le plus usité, c'est celui que nous décrirons.

L'ouvrier a préparé ses *flans*; on appelle ainsi la réunion des feuilles de papier qui serviront de moule, savoir : une

feuille de bon papier fort, une couche de colle de pâte additionnée de blanc d'Espagne réduit en poudre, une feuille de papier sans colle, une couche de colle et, alternativement, quatre autres feuilles de papier de soie et trois couches de colle.

Le papier de soie est employé pour donner plus de finesse et de souplesse au flan, et c'est le côté de ce papier qui touche à l'œil de la lettre quand on prend l'empreinte.

Cela constitue le *flan*, qui se pose encore un peu humide sur la forme, après qu'on a promené à coup de marteau sur les caractères un morceau de bois appelé *taquoir*, de façon à ce que toutes les lettres soient au même plan.

Alors on commence son empreinte avec la brosse à mouler, dont on frappe le flan jusqu'à ce qu'il paraisse prêt à percer, puis on étend sur le flan une couche de pâte sur laquelle on place une feuille de papier collé et l'on recommence à frapper jusqu'à ce que l'empreinte soit assez profonde; alors nouvelle couche de pâte, nouvelle feuille de papier, pour passer le tout au taquoir; après quoi on place sur son empreinte deux molletons et on la met en presse pour la faire sécher sous une presse chauffée aussi fortement que possible, sans atteindre cependant le nombre de degrés où le plomb est fusible, car on fondrait les caractères.

Une fois sèche, l'empreinte, qui est devenue un moule, est chauffée jusqu'à ce qu'elle brûle les doigts et placée dans une boîte en fonte, formée par deux plaques, qui constitue le moule, dans lequel on n'a plus qu'à verser le métal, mis en fusion pendant les opérations préliminaires, pour obtenir un cliché.

Pour les journaux, qui tirent sur des machines express, où la composition doit être cylindrique, l'opération est la même, seulement le moule, au lieu d'être plat, a des formes cintrées qui permettent aux différentes parties du cliché de recouvrir exactement le cylindre de la presse.

Le matériel d'une clicherie, d'ailleurs peu considérable, est simplifié encore par un nouveau système de M. Boïeldieu, qui réunit en un seul appareil : la bassine à faire bouillir le métal, la table à prendre les empreintes, qu'on appelle le marbre à mouler, la presse à les sécher, et le four à les chauffer.

Il y a encore quelque chose de plus simple, la clicherie modèle des usines Gutenberg qui vise surtout les petites imprimeries de province, où le clichage n'étant pas permanent, on ne saurait s'embarrasser d'un outillage encombrant et dispendieux.

Là pourtant, une clicherie est indispensable; car on n'a point la ressource de faire clicher au dehors. L'outillage Gutenberg répond économiquement à cette nécessité, en permettant d'installer la clicherie dans un coin de l'atelier, ou dans une chambre.

Voici, du reste, les appareils qui la composent, en dehors des outils nécessaires, dans tous les cas.

Une presse à mouler, à sécher et à fondre, indiquée ci-contre par la lettre C, adaptée sur un fourneau carré E, se chauffant à la houille, au coke, ou aux essences minérales, mais plus économiquement au gaz, car la combustion, alimentée par l'air, s'opère uniformément sans déperdition de calorique.

Un fourneau à fondre K, chauffé comme le précédent, ce qui est si expéditif, qu'en 20 minutes on peut obtenir une quantité de matière suffisante pour clicher quatre pages in-quarto; c'est-à-dire en moins de temps qu'il n'en faut pour allumer et mettre en train un fourneau de clicherie ordinaire.

Ce fourneau est monté sur trois pieds, et muni de deux anses, à l'aide desquelles on peut le transporter d'un endroit à un autre.

La grille est disposée de façon à brûler toute espèce de combustible, pour le cas où le gaz ferait défaut.

Avec ce système on opère comme avec les autres, seulement, on prépare plus généralement les *flans* à la pâte anglaise, substance toute préparée et non fermentescible, qui remplace avantageusement le mélange de colle et de blanc d'Espagne, qu'il faut avoir fait au moins 48 heures à l'avance; et qui se gâte quand on ne l'emploie pas en temps convenable.

L'empreinte bien prise, on met la forme sur la presse à sécher (plaque B), on place dessus deux molletons bien secs, chauffés même, de préférence, puis on descend la platine B, on presse et on laisse sécher environ dix minutes.

Le moule bien sec, on le détache de la composition et on le place sur le marbre B où il est fixé au moyen d'une équerre, que l'on recouvre d'une feuille de papier, afin d'éviter les soufflures et obtenir ainsi un cliché plus net.

A l'extrémité de l'empreinte on place une longue bande de papier, qui doit servir à la coulée du métal en fusion, on abaisse ensuite la plaque A sur la plaque B, on serre la vis qui se trouve alors placée au centre de la barre C; ce qui a pour effet de relier les deux marbres et de ne laisser entre

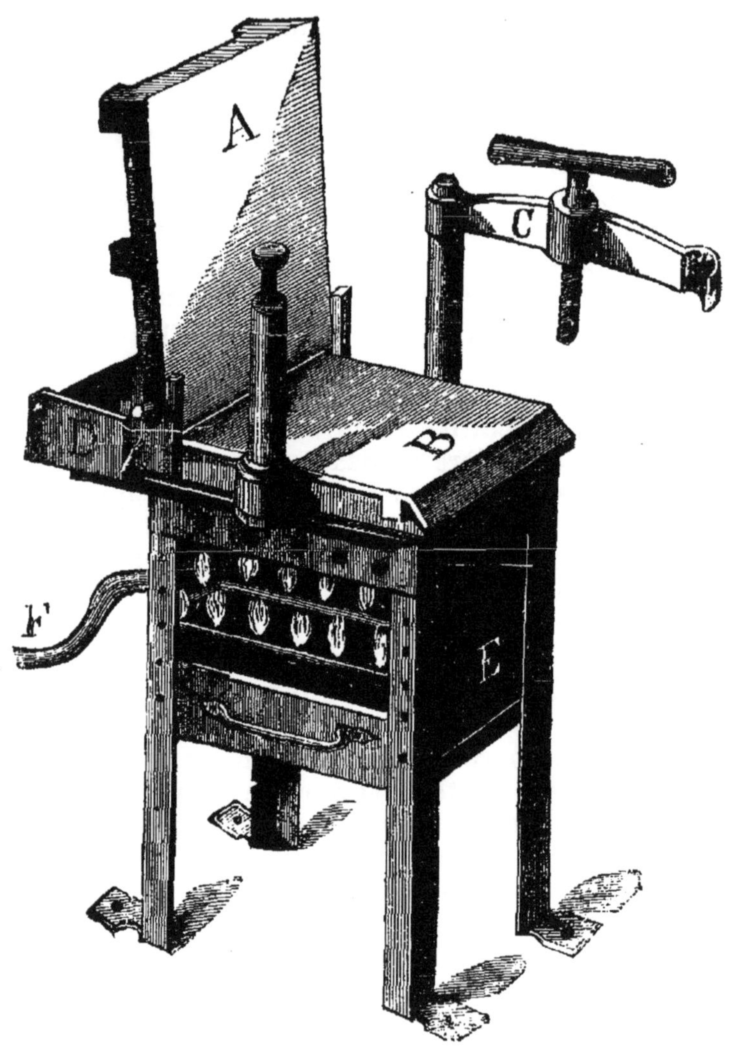

Fourneau portant la presse à mouler et à sécher.

eux que le vide du cliché que l'on veut obtenir, vide réglé par l'épaisseur de l'équerre introduite entre les deux plaques.

Cela fait, on les relève toutes les deux par la poignée, qui se trouve placée en tête de la plaque supérieure, on place les deux carrés biseaux qui servent de conduite au métal, dans le point d'intersection fourni par la rencontre des deux marbres A et B, et l'on n'a plus qu'à verser le métal en fusion.

Mais, sortant du moule, le cliché n'est pas terminé, il reste à le refroidir en le plongeant dans une cuve pleine de sable mouillé, qu'on appelle rafraîchissoir; il reste à l'échopper, à en enlever les bavures de métal, et, s'il s'agit d'un livre, à en séparer les pages au moyen de la scie circulaire.

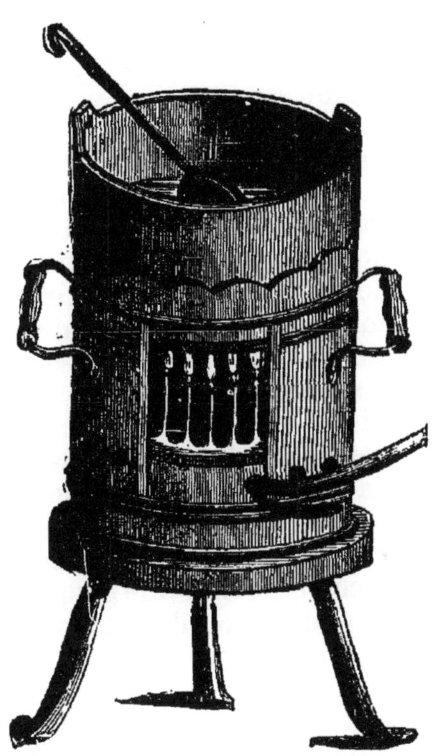

Fourneau pour la fonte du métal.

Il faut ensuite le monter: car le cliché, n'ayant que l'épaisseur indispensable, n'est pas comme on dit, de hauteur.

Ont l'y met, soit en le fixant sur des montures en bois avec des clous dont on a percé la place sur les bords ou dans les blancs du cliché, soit et plus généralement, en le montant sur des blocs, sur lesquels on le fixe par des rebords ménagés exprès, avec des griffes de métal.

LA GALVANOPLASTIE

Le clichage dont nous venons de parler ne concerne que la matière; car pour la gravure il faut des procédés plus délicats.

On a, d'ailleurs, la galvanoplastie, qui donne des résultats merveilleux depuis qu'on a perfectionné *l'électrotypie*, ensemble de procédés très pratiques qu'un ouvrier typographe de grande initiative, M. Coblence, a introduits en France, il y a une trentaine d'années.

Les empreintes qui servent à fondre les clichés galvaniques, communément appelés *galvanos*, s'obtiennent de deux façons : à la cire ou à la gutta-percha; ce dernier procédé étant plus usité en typographie, c'est celui dont nous parlerons.

On fait ramollir de la gutta-percha épurée en la mettant tremper dans de l'eau chauffée au bain-marie; lorsqu'elle est suffisamment malléable, on en fait une boule que l'on aplatit à la main et que l'on pose sur la gravure, qui a été préalablement plombaginée, ainsi que la gutta-percha, du côté seulement appliqué sur la gravure, car si l'on mettait de la plombagigne des deux côtés, le cuivre se déposerait au dos du moule. On la pose sur un moule un peu plus grand que le cliché à obtenir, on la recouvre d'une mince feuille de zinc dont la surface est mouillée, et on place le tout sous une presse puissante, de façon à obtenir une plaque de gutta-percha suffisamment mince pour entrer dans tous les creux de la gravure, puis l'on coupe cette plaque de la dimension de la gravure qu'il s'agit de clicher.

Ensuite, pour éviter que la matière ne prenne aux doigts de l'opérateur, on plombagine des deux côtés la plaque de gutta-percha, que l'on ramollit en la faisant chauffer au-dessus d'un fourneau rempli de charbon de bois incandescent; après quoi on la pose sur la gravure, on la recouvre d'une feuille de zinc mouillée, et l'on tire son empreinte sous une presse où on la laisse 10 à 20 minutes, selon la saison, pour lui donner le temps de se refroidir. L'empreinte bien venue, on perce dans la portion de gutta-percha, qui doit déborder dans le haut, plusieurs trous; dans l'un on passera le fil conducteur de l'électricité, dans l'autre, ou dans les autres si l'empreinte est

Atelier de clichage galvanoplastique.

grande, on nouera des attaches qui devront la soutenir en équilibre dans le bain galvanique, où, par l'action de la pile, elle se couvrira en dix, vingt ou trente heures, selon l'épaisseur qu'on veut avoir, d'une mince feuille de cuivre appelée *coquille galvanisée.*

Des fils seront également répartis sur cette empreinte, pour que le dépôt de cuivre se fassent régulièrement.

C'est cette coquille qui va devenir le moule du cliché, tout en en demeurant partie intégrante, car il ne s'agit plus que de la remplir de matière; pour cela, on la détache d'abord de l'empreinte en présentant celle-ci au-dessus d'un fourneau bien chauffé, ensuite on garnit légèrement l'œil de la gravure d'une pâte composée de blanc d'Espagne, délayé dans un peu d'eau, pour le préserver du repoussage de la presse, pendant qu'on a mis à fondre de la soudure ordinaire en baguette avec une quantité égale de plomb.

C'est avec cette matière en fusion qu'on étame la coquille, en procédant exactement comme les étameurs ordinaires; cette opération, qui n'a pour but que de faire adhérer le plomb à la coquille, terminé, on garnit de nouveau la gravure avec la pâte déjà employée, puis on coule dans la coquille une matière un peu plus douce que la fonte pour caractère, et avant quelle ne soit refroidie on la met sous presse, ensuite on la porte sur le tour pour lui donner l'épaisseur voulue, et on la cloue sur bois pour que le *galvano* arrive à la hauteur des caractères.

Il n'y a plus alors qu'à nettoyer le cliché, c'est-à-dire à le frotter avec une brosse pour enlever le blanc d'Espagne dont on l'a couvert par deux fois, et à l'assécher en le passant dans la sciure de bois; après quoi le galvano est terminé et peut supporter un tirage typographique de cent mille exemplaires et quelquefois plus.

L'IMPRESSION

Les formes serrées, soit en mobile, soit en cliché, soit à la fois en mobile et en cliché, comme il arrive pour les journaux et ouvrages illustrés, sont livrées aux imprimeurs proprement dits, et s'en vont à la machine ; car, à peu d'exceptions près, tout se tire aujourd'hui sur les presses mécaniques.

On les y transporte à la main ou sur de petits chariots spéciaux, si l'atelier est de plain pied, et au moyen d'un treuil, si comme il arrive souvent à Paris où l'emplacement est limité, les machines sont au rez-de-chaussée tandis que la composition occupe le premier et même le second étage.

Les formes arrivées, le *conducteur* (c'est ainsi que s'appelle l'ouvrier qui dirige la machine) les fixe sur la presse au moyen de coins de différents modèles.

Après quoi il s'occupe immédiatement de la mise en train.

LA MISE EN TRAIN

La mise en train, facile pour un journal quotidien qui tire sur clichés, plus délicate pour un labeur sans gravures, est une chose de première importance pour un journal ou une publication illustrée; elle peut durer de six à douze heures, selon le nombre et la finesse des gravures et l'habileté de main du conducteur.

On ne s'imagine pas les soins qu'il faut pour que le tirage donne au dessin toute sa valeur, et comme la moindre négligence de mise en train peut le dénaturer.

Il faut d'abord, pour chaque gravure, qu'on a eu la précaution de mettre de hauteur, en collant dessous des feuilles de papier, faire ce qu'on appelle des découpages.

Pour cela, on a tiré à la presse à bras trois ou quatre épreuves sur papier fort : sur ces épreuves on enlève au couteau à découper et graduellement, toutes les parties blanches, ne laissant d'épaisseurs entières qu'aux endroits où il faut faire ressortir les noirs; c'est un véritable œuvre d'art.

Ces épreuves découpées, on les colle les unes sur les autres et quand elles ne font plus qu'un, on les applique sur le cylindre de la presse, au point exact où elles porteront sur la gravure, de façon à en détacher les blancs et à en accentuer, par plans, les parties foncées.

Ce point exact est trouvé par le conducteur, en faisant les épreuves qui lui servent à fixer son régistre, c'est-à-dire à diviser son blanc autour de chaque forme, de façon à ce que le côté verso (côté de seconde) couvre exactement le côté de première.

La première des épreuves qu'il a faite ainsi, est portée au

correcteur en bon, c'est ce qu'on appelle la *revision;* parce qu'en effet il s'agit de revoir l'ensemble de l'ouvrage, tout en constatant qu'il n'est tombé aucune lettre pendant le transport des formes sous la presse.

Ceci est suffisant pour le texte, qui sera définitivement bon à tirer quand la *revision* sera corrigée; mais pour les gravures, il faut encore d'autres épreuves pour juger de l'état de la mise en train et ce n'est que lorsque le conducteur est satisfait de son travail qu'il prononce le *roulez* sacramentel, qui est le mot d'ordre de son équipe et que le tirage commence, sur du papier, qui préalablement trempé dans l'eau, n'est asséché qu'à moitié pour que l'impression prenne mieux dessus.

LE TIRAGE

Le tirage, qui est l'opération la plus considérable de l'imprimerie, est aussi celle qui a bénéficié des plus grands perfectionnements, depuis son origine, et elle est arrivée aujourd'hui à de tels résultats qu'on peut dire sans exagération qu'il y à plus loin de la presse de Gutenberg à la machine rotative Marinoni, que du chariot du bon roi Dagobert à la locomotive Crampton.

La presse dont Gutenberg a eu l'idée de se servir, pour imprimer péniblement un volume en trois ans, ce qui était encore un progrès sur le frotton employé avant lui, n'était ni plus ni moins qu'un pressoir à faire du vin, d'un modèle plus restreint, pour qu'un seul homme pût le faire manœuvrer.

Mais un seul homme n'était pas suffisant pour imprimer, il en fallait au moins deux : l'un pour encrer la forme, qui était posée sur un marbre fixe ; l'autre, l'imprimeur proprement dit, pour placer son papier sur la forme humide et faire tomber dessus au moyen d'un levier, qui commandait la vis du pressoir, une platine qui couvrait exactement la forme, et qui, par un ou deux coups de levier, sollicitait l'impression.

On conçoit combien ce travail devait être long et pénible ; on fut pourtant longtemps sans connaître d'autre système, et le seul perfectionnement qu'on y apporta pendant trois siècles, fut de remplacer le marbre fixe par une platine de fonte, montée sur un chariot mobile, qui apportait sous la presse la forme encrée et la remportait quand la feuille était imprimée.

A la fin du XVIIIe siècle, on en était encore là, témoin cette description de la presse par l'imprimeur Momoro, en 1793.

« Deux montants de jumelles; soutiennent l'assemblage de la presse. Un chapiteau couronne les jumelles; un sommier, placé un peu au-dessous du chapiteau, renferme l'écrou par lequel passe la vis à laquelle est attaché un barreau qui sert à la faire mouvoir.

« La vis se relie à la platine par son extrémité, nommée pivot, au moyen d'une pièce creuse appelée grenouille. Au-dessous de la platine est le berceau, composé de deux poutrelles armées de bandes. Sur ces deux poutrelles roule le train, qui est une espèce de coffre, où se trouve un marbre enchâssé dans son enfoncement. Sur le derrière du coffre est le grand tympan : c'est un cadre en bois, couvert d'une peau de parchemin ; le grand tympan porte un châssis de fer mince, qu'on nomme frisquette ; celle-ci est couverte de papier découpé suivant les formats et destinée à masquer tout ce qui ne doit point être imprimé.

« Un petit tympan sert d'enveloppe au grand tympan, dans lequel on place des pièces de molleton, nommées blanchets, pour opérer le foulage... »

Hors les tympans, et la frisquette, qui existent encore dans les presses manuelles d'aujourd'hui, c'était à peu près l'appareil rudimentaire de Gutenberg.

Ce système ne fut abandonné que lorsqu'on inventa les presses qu'on appelait *hollandaises*, on ne sait pas bien pourquoi, puisque la première fût construite par Brichet au commencement de ce siècle.

Cette presse était encore tout en bois, mais elle était moins encombrante et plus solide que l'ancienne. Vers la même époque apparurent la presse à un coup, avec marbre et platine en fonte, qui fut employée d'abord par Pierre Didot l'aîné, puis la presse à la Génard, du nom du constructeur, qui l'avait faite pour l'imprimerie nationale, et l'on commença à entendre parler de la presse Stanhope, dont on se servait à Londres depuis 1809 et qui ne pénétra en France qu'après 1814.

La presse Stanhope, encore en usage aujourd'hui, mais améliorée par les perfectionnements qu'y apportèrent successivement divers constructeurs, est tout en fonte et ne diffère de la presse en bois que par le moyen dont s'opère la pression.

C'est encore un barreau qui fait mouvoir la vis, mais il est fixé à une colonne qui surmonte la jumelle intérieure ; cette colonne et la vis sont couronnées par des pièces correspondantes, qu'on appelle virgules, à cause de leur forme, et qui maintiennent une pièce de fer qui se nomme régulateur, parce que, placée horizontalement, elle est terminée par une vis qui modifie la pression selon les nécessités du travail.

La seule amélioration apportée à ce qui constitue le train, dit le chariot, c'est qu'on y ajoute un contrepoids qui fait remonter la platine sitôt que la pression est opérée.

Les presses à bras que l'on fabrique maintenant ne sont que des perfectionnements de la presse Stanhope.

Le tirage s'y fait comme autrefois, seulement l'encrage est perfectionné ; au lieu de noircir ses formes avec les gros tampons qu'on appelait balles, on se sert maintenant d'un rouleau que l'on passe sur les caractères après l'avoir humecté sur la table à encrer, au moyen d'une petite manivelle.

Il est entendu que nous ne considérons pas comme presses à bras, et que nous ne parlons que pour mémoire de ces petites machines, destinées à tirer économiquement les travaux de ville, de petite dimension, et surtout les cartes de visite, qu'avant leur invention on faisait généralement en lithographie ; la plupart, du reste, se meuvent avec le pied, au moyen d'une pédale disposée comme celle des machines à coudre.

GRANDES PRESSES MÉCANIQUES

Les premières presses mécaniques se montrèrent en Angleterre à l'époque où la presse Stanhope arrivait en France, puisque le *Times* s'imprimait, le 24 novembre 1814, sur une machine.

A la vérité, cette machine inventée par John Walter, éditeur du *Times*, d'après les idées du docteur Nicholson, éditeur du *Journal philosophique*, était encore bien élémentaire et ne pouvait donner que mille exemplaires à l'heure.

C'était une presse en blanc, c'est-à-dire ne pouvant imprimer qu'un seul côté à la fois. Mais l'année d'après, le mécanicien Kœnig trouva la presse à retiration (imprimant les deux côtés à la fois) en réunissant deux machines en blanc.

Le problème était à peu près résolu, il ne restait plus qu'à perfectionner l'instrument et c'est à quoi s'occupèrent et s'occupent encore les constructeurs qui se sont succédés depuis cette époque, et qui on apporté tant de modifications à l'invention première, qu'on peut dire qu'il y a autant d'espèces de machines que de fabricants.

Etudier tous les systèmes serait au-dessus de nos forces, et d'ailleurs, peu intéressant pour des lecteurs à qui nous n'avons promis qu'une notice sur les diverses opérations qui constituent l'imprimerie, nous resterons donc dans notre programme en donnant seulement une idée des types fondamentaux, c'est-à-dire machines en blanc, à retiration, à réaction et rotatives.

Pour toutes les variétés de ces machines, de quelque atelier qu'elles sortent, sauf pour les rotatives, qui sont, peut-être, le dernier mot de l'art, le mode d'impression est le même : c'est toujours une table horizontale portant, par un mouvement de va-et-vient automatique, les formes à imprimer : d'abord sous les rouleaux encreurs, ensuite sous un cylindre qui, tournant sur son axe, a saisi à l'aide de pinces, une feuille de papier qu'il dépose dessus, en même temps qu'il opère la pression nécessaire.

Mais comme les machines diffèrent par le nombre et la disposition des cylindres, aussi bien que par leur marche, nous suivrons les détails de l'opération en décrivant chaque espèce de machine.

MACHINES EN BLANC

Les machines en blanc sont, comme nous l'avons dit, celles qui ne peuvent imprimer que d'un côté à la fois et qu'à cause de cela on adopte de préférence pour les tirages de luxe.

Nous en donnerons plusieurs modèles empruntés à nos principaux constructeurs.

Voici d'abord la *Presse simplifiée*, de M. Wibart, par laquelle nous commençons parce que c'est la plus simple et la moins coûteuse de toutes; elle est, d'ailleurs, construite en vue des petites imprimeries, qui, n'ayant pas des travaux permanents ne peuvent avoir le personnel qu'exigent les machines ordinaires.

Celle-ci est, dans ce but, réduite à sa plus simple expression.

Si elle fonctionne à la vapeur, ou plus économiquement au

Presse simplifiée de M. Wibart.

moteur à gaz, elle occupe seulement un margeur et peut donner de 1,200 à 1,500 exemplaires à l'heure.

Fonctionnant à bras, elle nécessite l'emploi de deux personnes : un homme pour tourner le volant et une femme ou un enfant pour marger les feuilles, c'est-à-dire un personnel moindre qu'une presse à bras qui produirait sept à huit fois moins de besogne.

Du reste, n'exigeant aucune fondation et peu sensiblement plus lourde qu'une machine à bras, elle peut s'installer dans tous les ateliers à n'importe quel étage.

La *Presse indispensable* de M. Marinoni n'est guère plus encombrante, il le fallait d'ailleurs pour qu'elle répondît à son titre.

Comme la précédente elle se monte sans maçonnerie, et elle est si simple que son usage s'explique presque de lui-même par la gravure.

Elle se compose de la table horizontale qu'on appelle *marbre* (bien qu'elle soit en fonte), sur laquelle on fixe la forme qu'elle entraîne dans son mouvement de va-et-vient sous les rouleaux encreurs, et qu'elle ramène sous le cylindre au moment même où celui-ci a pris, à l'aide de ses pinces, la feuille de papier que l'ouvrier qu'on appelle *margeur*, lui a présentée.

Cette feuille se trouve imprimée par le double effet de la rotation du cylindre et du mouvement de la table qui, ramenant la forme aux encriers, la dégage et lui permet de glisser sur des cordons, où une espèce de petite claie la soulève, et basculant sur elle-même, la dépose dans une boîte où l'on n'aura plus qu'à la prendre.

Cette claie, qu'on appelle receveur mécanique, économise l'emploi du *receveur*, qui est tenu par un apprenti. Elle n'existe pas à toutes les machines, mais on peut l'adapter à la plupart

C'est aussi le cas de la machine *Express* de M. Alauzet, qu'on peut placer et déplacer aussi facilement qu'une presse à bras, avec cette différence de fonctionnement, qui existe, du reste, dans presque toutes les presses de M. Alauzet : c'est que le marbre est à mouvement direct ; c'est-à-dire qu'il est commandé directement par une bielle sans aucun intermédiaire ni de levier ni d'engrenage.

Voilà pour la presse, en quelque sorte élémentaire, mais il va de soi que l'on construit des machines en blanc capables d'un travail plus considérable et plus soigné.

Presse indispensable de M. Marinoni.

Tous les constructeurs ont, d'ailleurs, leurs presse perfectionnées, destinées plus spécialement au tirage des ouvrages de luxe ou des journaux et publications à gravures.

MACHINES A RETIRATION

La presse à retiration, qu'on appelle plus spécialement presse à labeurs, est une machine mixte, car si elle imprime en blanc, c'est-à-dire d'un seul côté, elle peut aussi imprimer en retiration, c'est-à-dire des deux côtés et donner couramment de 800 à 1,000 exemplaires à l'heure, selon sa construction, et l'habileté du conducteur.

Il est, d'ailleurs, toujours possible d'imprimer les deux côtés à la fois, il suffit que le marbre soit assez grand pour contenir les deux formes, recto et verso, et l'on ne coupe son papier que de façon à avoir deux exemplaires sur chaque feuille.

Ceci est presque la définition de la machine qui nous occupe, car en général les presses à retiration, inventées par M. Rousselet, perfectionnées d'abord par M. Normand, et depuis par les constructeurs, qui ont à peu près chacun leur système, ne sont pas autre chose que la réunion de deux machines en blanc.

Elles ne tiennent pas plus de place et n'exigent que le même personnel depuis que la décharge, jusqu'alors indispensable pour empêcher le maculage, a été supprimée par l'emploi d'un appareil fort ingénieux que nous avons vu fonctionner à la dernière exposition.

Cet appareil, inventé par M. Nelson, imprimeur d'Edimbourg, est adapté aujourd'hui à toutes les machines de M. Marinoni, qui est concessionnaire du brevet pour la France.

En principe, et sauf les modifications apportées par nos constructeurs modernes, il n'y a que deux sortes de machines à retiration.

Les presses à gros clylindres, que nous ne décrirons pas, parce qu'on n'en construit plus, et les presses dites à soulèvement, qui sont les plus usitées et qu'on appelle ainsi parce que les deux cylindres y sont soulevés alternativement par un mouvement, combiné avec le va-et-vient du marbre, pour laisser passer librement les formes, qui sont placées de chaque

Presse en blanc perfectionnée à mouvement directe de M. Alauzet.

Presse à retiration de M. Alauzet.

côté de la table, laquelle a naturellement deux encriers et double jeu de rouleaux encreurs.

Voici, du reste, d'après M. Monet, le mouvement général d'une machine à retiration :

« La prise de la feuille à lieu dans la partie supérieure du côté de seconde, les pinces sont amenées à cette place par la rotation du cylindre : au moment où elles y arrivent, le porte-cames s'avance et le galet du secteur rencontrant une came fait ouvrir les pinces, qui ainsi ouvertes passent sous la table de marge. Parvenu à l'extrémité de cette came, le galet se trouve vide et n'a plus d'action sur le secteur, qui reprend sa place, poussé par le ressort, dans le sens qui fait tomber les pinces.

« La feuille est alors saisie et entraînée en pression. Le marbre, mis en mouvement par la crémaillère, s'avance à la rencontre du cylindre et lorsque les pinces arrivent en bas, le cylindre s'abaisse, entre en contact avec la forme, qui coïncide ainsi avec la partie étoffée et la mise en train.

Presse à retiration de M. Marinoni.

« Pendant que ce cylindre opère la pression, celui du côté de première est soulevé pour donner passage à la forme. A mesure que la feuille passe en pression entraînée par la rotation du cylindre, elle remonte vers la prise, la dépasse et revient au point de rencontre des deux cylindres. A ce moment la manivelle des pinces du cylindre, côté de première, rencontre une came; les pinces s'ouvrent graduellement et leur extrémité passe sous les bords de la feuille imprimée, qu'elles saisissent pendant que celles du cylindre, côté de seconde, s'ouvrent de la même manière et l'abandonnent.

« Quand la feuille entre en pression au côté de première, le marbre s'avance, le cylindre de ce côté s'abaisse, et celui du côté de seconde est soulevé à son tour. Le second côté de la feuille imprimé, celle-ci remonte vers la sortie et se présente aux mains du receveur. »

On comprend donc comment s'opère le tirage sur une machine à retiration, mais on doit comprendre aussi que la feuille imprimée au verso présente son côté humide au second cylindre, qui fera l'impression du recto, et y dépose naturellement toujours un peu d'encre, qui maculera plus ou moins la feuille que ce cylindre pressera ensuite.

C'est pour éviter ce maculage que l'on passe sous la presse par le même procédé qui prend les feuilles à imprimer, des feuilles de décharge qui, s'interposant entre le côté imprimé et le cylindre, jouent exactement le même rôle que la feuille de buvard posée sur une page encore humide.

Aucun tirage soigné ne peut être fait sur une presse à retiration si l'on ne tire en décharge, ce qui nécessite un margeur de plus.

Cependant, on peut économiser ce surcroît de main-d'œuvre, en adaptant aux machines l'appareil *Nelson*, qui supprime, pour les travaux courants, l'emploi des feuilles de décharge.

MACHINES A RÉACTION

Les presses à réaction, destinées plus spécialement au tirage des journaux, font la besogne encore plus vite que les presses à retiration, car non seulement elles tirent les deux côtés à la fois, mais elle les tirent d'un seul coup; pour cela il faut un marbre assez grand pour recevoir du même côté recto et verso et tirer sur du papier double, de façon à ce que chaque feuille contienne deux exemplaires.

Voici comment l'opération se produit : les cylindres sont commandés par le marbre et disposés de façon à ce que, suivant son mouvement de va-et-vient, ils tournent alternativement dans les deux sens, d'où le nom de réaction donné à la machine puisque les cylindres réagissent continuellement, ce qui permet à chacun d'imprimer le recto et le verso du même coup.

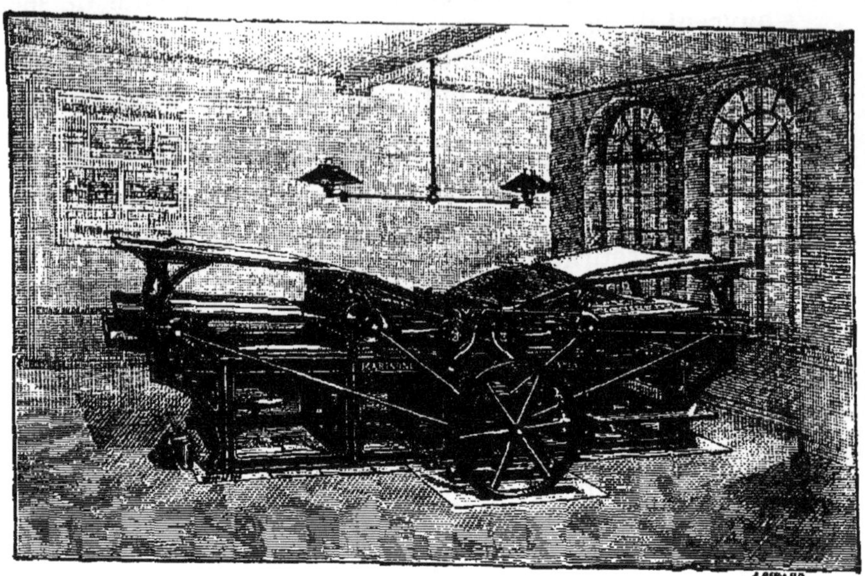

Presse à réaction (Marinoni) à deux cylindres.

Pendant que le marbre s'avance vers une extrémité de la machine, la feuille reçoit la pression de l'autre côte; puis, entraînée par les cordons, elle passe sous un rouleau de bois qu'on nomme *registre* qui la retourne et la ramène en retiration sous le cylindre au moment même où le marbre, revenant, le fait tourner dans le sens opposé.

Nous disons le cylindre, parce que dans le principe les machines à réaction n'avaient qu'un seul cylindre. Mais on les a vite perfectionnées pour obtenir plus de rapidité dans le tirage des journaux, car les machines à réaction ne sont pas employées pour le labeur.

Les machines à réaction, quel que soit d'ailleurs le constructeur, se font sur deux types.

Les premiers sont les presses à deux cylindres qui exigent naturellement chacune deux margeurs et deux receveurs, mais qui, bien conduites, peuvent tirer de 4,000 à 4,500 exemplaires.

Ces machines ont un inconvénient, elles tiennent de la

place : ainsi, celle de M. Wibart, a 5 mètres 50 de long sur 2 mètres 20 de largeur, et son poids dépasse 5,000 kilogrammes.

Les proportions des autres ne sont pas moindres, celle de M. Alauzet même est plus alongée, d'après le principe de ce constructeur, de donner le plus de développement possible à ses marbres.

L'autre type est à quatre cylindres et demande un personnel double, mais elle livre couramment de 6,000 à 7,000 exemplaires à l'heure et ne tient guère plus de place.

Ce tirage était bien quelque chose; intrinsèquement, il est énorme; mais relativement, il est bien insuffisant pour les journaux qui, ne vivant que d'actualité, ne peuvent pas languir sous presse, et pour les gros tirages on était obligé d'employer plusieurs machines et naturellement de faire autant de clichés, ce qui prenait du temps et de la matière et nécessitait un personnel considérable.

Presse à réaction (Marinoni) à quatre cylindres.

C'est alors que l'on imagina les machines rotatives.

La machine rotative ne fut pas d'abord ce merveilleux instrument dont se servent aujourd'hui tous les grands journaux quotidiens et qui tire 40,000 exemplaires, dans le format du *Petit Journal*, à l'heure, ou 20,000 du grand format.

On commença bien par donner à la composition la forme

cylindrique, ce qui n'était pas difficile en faisant des clichés que l'on peut cintrer à volonté selon les moules que l'on emploie, mais on ne pensa pas à placer les cylindres imprimeurs tout autour de la forme, de façon à obtenir, à chaque rotation de celle-ci, autant de feuilles imprimées qu'il y a de cylindres.

On y arriva progressivement, mais alors on ne tirait qu'en blanc, et pour la retiration il fallait marger de nouveau.

Bref on obtenait tout au plus, et avec un assez nombreux personnel, 10,000 exemplaires à l'heure.

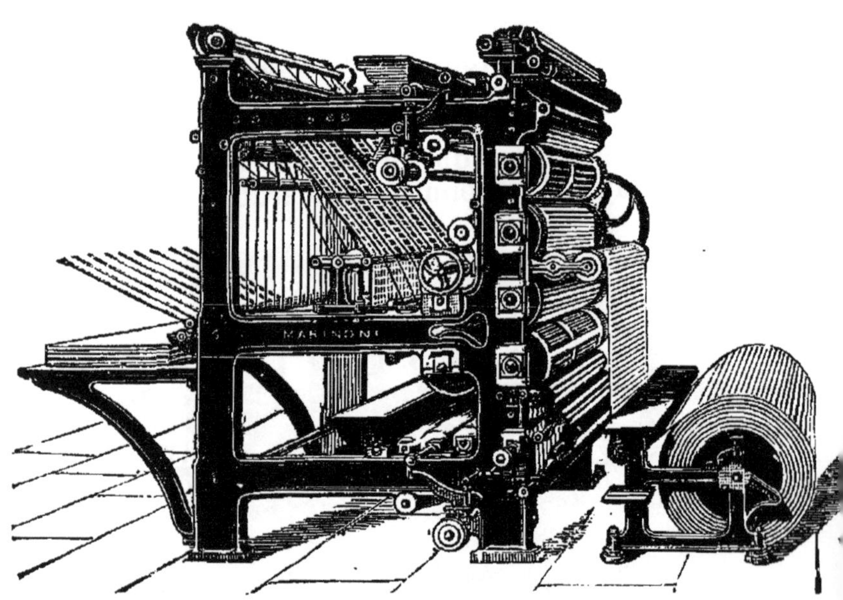

Presse rotative Marinoni.

En 1867, M. Marinoni construisit une machine rotative à six cylindres qui tirait 36,000 petits journaux à l'heure. Le résultat était beau, mais la machine était encombrante et il fallait six margeurs pour la servir : il est vrai qu'on se passait de receveurs, puisque les feuilles étaient reçues mécaniquement.

La machine rotative d'aujourd'hui tient peu de place, et fonctionne sans personnel; il ne lui faut ni margeur ni receveur; elle économise même le trempage du papier, elle fait tout elle-même, jusqu'à compter les feuilles, qui sont déposées par cent sur les tables de réception, et cela avec une rapidité vertigineuse.

Le papier employé pour le tirage à la machine rotative est du papier continu qui se livre en rouleaux de 4,300 mètres de longueur, fournissant quarante mille grands journaux.

Le rouleau en place et la machine en mouvement, le papier se déroule comme un immense ruban, se trempe, s'imprime, se coupe, se plie même (car on adapte des plieuses aux machines rotatives), sans qu'on ait le temps de voir comment, tant les cylindres tournent vite. Heureusement, je trouve dans le rapport de la délégation ouvrière à l'exposition de Vienne de 1873, une description qui nous permettra de suivre l'opération.

« A l'un des bouts du rouleau de papier est adapté un frein qui le comprime plus ou moins, au moyen de poids, afin d'éviter qu'il se déroule trop vite et de permettre que la feuille parte toujours tendue. Un régulateur est ausi fixé pour attirer ou repousser le rouleau de papier, ce qui permet de régulariser la marge des côtés.

« La feuille, en partant, passe entre deux petits cylindres de cuivre qui ont reçu une certaine humidité d'un autre cylindre en cuivre cannelé, baignant dans un récipient d'eau, un couteau de caoutchouc n'en laisant passer que juste la quantité suffisante. La feuille, en remontant, passe entre deux cylindres en fonte, où se trouve adaptée une scie qui la détache; elle s'imprime immédiatement entre les cylindres de pression et les formes cylindriques qui sont disposées horizontalement.

« Un séparateur, placé dans la fosse, au milieu et au-dessous des cylindres de pression, envoie la feuille simultanément sous quatre raquettes (deux de chaque côté de la machine qui la déposent sur les tables à recevoir : une mollette coupe la feuille dans le milieu de sa largeur, avant son arrivée à la raquette. »

Depuis que ces lignes ont été écrites il a été fait bien d'autres presses rotatives. M. Derriey notamment, a construit les machines dont se servent entre autres journaux à gros tirage le *Petit Moniteur*, la *Petite Presse*, l'*Intransigeant*, la *Lanterne* et autres.

M. Alauzet a créé pour la *Petite République Française*, une machine qui peut tirer 70,000 exemplaires à l'heure. Ce qui est un notable progrès.

C'est, du reste, la presse rotative qui s'écarte le plus du type adopté généralement : moins élevée, sa machine est plus longue, elle ne tient cependant pas plus de place car le rouleau distributeur de papier est plus rapproché des cylindres, diposés, d'ailleurs, d'une façon particulière ainsi qu'on le verra par notre gravure.

Presse rotative de M. Alauzet.

M. Alauzet construit aussi une machine rotative destinée au tirage des gravures et illustrations.

Cette machine, dont les cylindres sont d'un fort diamètre. est à double touche par sept rouleaux toucheurs pour chaque forme, ce qui permet un encrage très complet.

Elle présente aussi cette particularité qu'on n'y voit pas un seul cordon, le papier suivant sa voie sur les cylindres, jusque et y compris le pliage, par une disposition fort ingénieuse.

Elle fonctionne avec une seule composition, ce qui économise des frais de clichés (toujours assez importants quand il s'agit de gravures) et fait gagner beaucoup de temps pour la mise en train et les découpages, qu'il ne faut faire qu'une fois.

La mise en train, du reste, est rendue très facile par la disposition des cylindres qui sont à découvert et à la portée du conducteur.

Le maculage est évité par une disposition spéciale permettant de passer une feuille de décharge.

Enfin, au moyen d'un frein solidaire du levier de débrayage, on peut arrêter instantanément la marche de la machine, ce qui est indispensable quand on veut faire un tirage soigné et régulier, les gravures étant toujours susceptibles de s'encrasser.

Comme on le pense bien, la vitesse de cette machine est bien moindre que celle des presses rotatives à petits cylindres qu'on a justement surnommées Express, mais elle est encore très appréciable, puisqu'avec une seule composition on peut obtenir en moyenne 4,000 exemplaires à l'heure du format double jésus; si l'on plaçait deux compositions (la machine peut les recevoir) on obtiendrait naturellement le double de produit, soit 8,000 exemplaires sortant de la presse, imprimés, coupés et pliés.

Presse rotative Marinoni avec plieuse.

Comme on le pense bien M. Marinoni, de son côté, n'est pas resté en arrière; d'abord, il a considérablement amélioré sa machine, mais sans en changer les éléments constitutifs.

On y ajoute, entre autres choses pratiques, un avertisseur qui, réglé par le compteur automatique qui s'applique d'ailleurs, aux presses de toutes sortes, fait sonner un timbre sitôt que cent exemplaires sont tirés, ce qui permet au conducteur de livrer ses feuilles par paquets de cent, sans avoir d'autre peine que de les faire enlever des tables à réception sitôt qu'elles y sont empilées.

Les plieuses adoptées aux presses rotatives, sont une amélioration bien plus appréciable pour les journaux; les exemplaires sortant de là tout pliés et prêts à recevoir la bande.

Il y a, cependant une machine plieuse encore plus intelligente : celle qui coud en même temps, avec un fil métallique infiniment plus solide que celui des brocheuses, aussi nous en servons-nous pour cette publication, qui sort de la presse pliée cousue, rognée, façonnée, telle qu'on la met en vente.

M. Marinoni a aussi pour tirer les journaux illustrés e publications à gravures, une machine rotative qui n'est pa encore très connue, bien qu'elle fonctionne journellement à l'imprimerie Charaire de Sceaux, mais qui fera parler d'elle à la prochaine exposition.

Et ce n'est pas tout encore, l'avenir nous réserve certainement de nouveaux perfectionnements, car nos constructeurs ont tant trouvé depuis vingt ans, que la routine elle-même n'oserait pas leur dire : « Tu n'iras pas plus loin. »

L. Huard

TABLE DES MATIERES

	Pages.
Le clichage	3
La galvanoplastie	8
L'impression	10
La mise en train	11
Le tirage	12
Grandes presses mécaniques	14
Machines en blanc	15
Machines à retiration	19
Machines à réaction	23

Sceaux. — Imp. Charaire et Cie.

www.ingramcontent.com/pod-product-compliance
Ingram Content Group UK Ltd.
Pitfield, Milton Keynes, MK11 3LW, UK
UKHW021210230726
13926UKWH00001B/435